Ernst Probst

Mit Schimpansen auf Du

Kurzbiografie der Primatologin Jane Goodall

Ernst Probst

Mit Schimpansen auf Du

Kurzbiografie der Primatologin Jane Goodall

GRIN Verlag

Die Deutsche Bibliothek verzeichnet diese Publikation in der Deutschen Nationalbibliografie;
detaillierte bibliografische Daten sind im Internet über http://dnb.d-nb.de/ abrufbar.

1. Auflage 2012
Copyright © 2012 GRIN Verlag GmbH
http://www.grin.com
Druck und Bindung: Books on Demand GmbH, Norderstedt Germany
ISBN 978-3-656-30630-6

Jane Goodall mit Spielzeug-Schimpanse „Mr. H."
im Oktober 2006

Ernst Probst

Mit Schimpansen auf Du

Kurzbiografie der Primatologin
Jane Goodall

*Meiner Ehefrau Doris
sowie meinen Kindern Beate, Sonja und Stefan
gewidmet*

Schimpanse im Zoo Leipzig

Jane Goodall

Die berühmteste Schimpansen-Forscherin

In der Geschichte der Zoologie nimmt Jane Goodall einen Ehrenplatz ein: Sie ist nicht nur Großbritanniens bedeutendste Primatologin, sondern auch die berühmteste Schimpansen-Forscherin der Welt. Jahrelang beobachtete sie in Tansania (Ostafrika) in freier Natur das Leben wilder Schimpansen der Art *Pan troglodytes*. Dabei gewann sie völlig neue Erkenntnisse über diese Menschenaffen. Das Erstaunliche an ihrer Karriere: Zuvor hatte sie keinerlei wissenschaftliche Ausbildung genossen.

Valerie Jane Morris-Goodall kam am 3. April 1934 als älteste von zwei Töchtern des Ingenieurs Mortimer („Mort") Herbert Morris-Goodall (1907–2001) und seiner Ehefrau Margaret Myfanwe („Vanne") Joseph in London zur Welt. Der Vater von „Mort" stammte aus einer wohlhabenden Druckerfamilie, hieß Reginald Goodall, heiratete Elizabeth Morris und gab seinen Kindern den Bindestrich-Namen „Morris-Goodall". Reginald starb 1916, als er bei einem Sturz vom Pferd mit dem Kopf aufschlug. „Mort" war beim Tod seines Vaters neun Jahre alt. Seine Mutter heiratete später den Major Norman Nutt, den „Mort" als „Nutty" bezeichnete.

Die Mutter von Jane war in den 1920-er Jahren aus ihrem Heimatort Bournemouth nach London gekommen.

Dort hatte sie eine Ausbildung zur Sekretärin absolviert und danach für den Impresario Charles B. Cochran (1872–1951), genannt „Cocky, gearbeitet, der Theaterstücke, Musicals und Revuen produzierte. Die blonde Vanne war als junge Frau sehr attraktiv, wurde einmal sogar „grünäugige Göttin" genannt, spielte Violine und tanzte gern. Kein Wunder, dass sich der hochgewachsene, schlanke und sportliche „Mort", der Vanne um Haupteslänge überragte, in die flotte Sekretärin verliebte.

„Mort" und Vanne haben am 26. September 1932 in der „Trinity Church" in London geheiratet. Vanne schrieb gern und veröffentlichte unter dem Autorinnennamen „Vanne Goodall" ihre Biografien und Novellen. „Mort" hatte bereits mit 14 Jahren von seiner Mutter das Autofahren gelernt. Die Begeisterung für schnelle Autos ließ ihn später nicht mehr los. Als Erwachsener beteiligte er sich mit einem „Aston Martin" im In- und Ausland an Autorennen. Bei den „24-Stunden-Rennen von Le Mans" ging „Mort" in den 1930-er Jahren regelmäßig an den Start.

Der Vater schenkte Jane, als sie mehr als ein Jahr alt war, einen lebensecht aussehenden Spielzeug-Schimpansen namens „Jubilee", den man zur Feier des ersten im Februar 1935 im Londoner Zoo geborenen Schimpansen geschaffen hatte. Freundinnen der Mutter warnten vergeblich davor, ein solches Spielzeug könne Alpträume verursachen. Doch der Plüschaffe wurde das Lieblingsspielzeug von Jane und ihr ständiger Begleiter. An ihrem vierten Geburtstag am 3. April 1938 bekam Jane eine jüngere Schwester namens Judy Daphne.

Tiere faszinierten Jane bereits als Kleinkind. Stets war sie über deren Wohlergehen besorgt. Einmal sammelte sie im Garten des Londoner Hauses, in dem die Familie Goodall wohnte, etliche Regenwürmer auf und nahm diese mit in ihr Bett. Als ihre Mutter diese Tiere sah, erklärte sie Jane ruhig, die Würmer würden sterben, wenn sie sie hierbehalte. Daraufhin brachte Jane die Regenwürmer in den Garten zurück.

Ähnliches passierte, als die Familie Goodall Freunde besuchte, die ein Haus an der Felsküste von Cornwall besaßen. Jane sammelte am Strand in mit Meerwasser gefüllten Vertiefungen lebende Muscheln und Schnecken und trug sie mit einem Spielzeug-Eimer ins Haus. Die Meerestiere krochen überall in ihrem Zimmer herum, als später die Mutter eintrat. Auf die Warnung, die Muscheln und Schnecken könnten nur im Meer leben, sonst müssten sie sterben, reagierte Jane geradezu hysterisch. Unzüglich mussten alle Bewohner des Hauses die Muscheln und Schnecken im Haus wieder einsammeln und möglichst schnell zum rettenden Meer bringen.

Schon im Alter von vier Jahren hatte Jane einen großen Forscherdrang. Als sie mit ihrer Mutter auf dem Bauernhof ihrer Großmutter väterlicherseits, Elisabeth Nutt, in Kent Ferien machte, sammelte sie die Eier der Hühner ein und stellte sich bald die Frage: Wo war bei einer Henne eine Öffnung, die groß genug war, um ein Ei herauszulassen? Um dies herauszufinden, versteckte sie sich im Hühnerstall, still in eine Ecke geduckt und mit etwas Stroh getarnt. Erst nach Stunden kam eine Henne, setzte sich auf das Nest, erhob sich plötzlich ein wenig und die kleine Jane sah, wie etwas Weißes langsam aus den Federn zwischen ihren Beinen fiel.

Als Jane endlich wieder aus dem Hühnerstall auftauchte, war es bereits Nacht. Auf dem Bauernhof hatte wegen ihres Verschwindens große Aufregung geherrscht. Die ganze Familie, Freunde und Nachbarn hatten das Kind gesucht. Sogar die Polizei war alarmiert worden. Ungeachtet der Sorgen, die sie sich gemacht hatte, schimpfte die Mutter von Jane nicht und hörte geduldig zu, als ihre Tochter mit leuchtenden Augen erzählte, wie ein Huhn ein Ei legt und was das für ein Wunder ist.

1939 verkaufte die Familie Goodall ihr Londoner Haus und zog mit der fünfjährigen Jane und der ein Jahr alten Judy nach Frankreich. Der Vater wollte, dass seine Töchter dort die französische Sprache lernen und diese bereits als Kinder fließend sprechen sollten. Doch einige Monate später besetzte Hitler-Deutschland die Tschechoslowakei, was den Zweiten Weltkrieg (1939–1945) heraufbeschwor. Die Familie Goodall beschloss, wieder nach England zurückzukehren.

Weil die Goodalls ihr Londoner Haus veräußert hatten, zogen sie in das alte Bauernhaus in Kent, wo einst der Vater von Jane aufgewachsen war. Das aus grauen Bruchsteinen erbaute Bauernhaus hatte keinen Stromanschluss. Abends wurden Petroleumlampen zur Beleuchtung angezündet. Auf den Wiesen, die das Haus umgaben, weideten Kühe und Schafe. Zum Bauernhof gehörte ein Gelände mit Ruinen einer Burg, in der einst König Heinrich VIII. (1491–1547) eine seiner sechs Ehefrauen gefangengehalten hatte. Zwischen den Steinen der Burgruine lebten Spinnen und Fledermäuse.

Da Vanne Goodall wusste, dass sich ihr Ehemann Mortimer zum Militär melden wollte, zog sie mit ihren Kindern Jane und Judy zu ihrer eigenen Mutter Granny Joseph auf den Bauernhof „The Birches" (zu deutsch: „Birkenhof") in Bournemouth (Dorset). Der „Birkenhof" ist ein 1872 im viktorianischen Stil errichtetes rotes Backsteinhaus, wenige Gehminuten von der Küste des Ärmelkanals und rund 100 Kilometer von London entfernt. Als England am 3. September 1939 den Krieg erklärte, war Jane fünfeinhalb Jahre alt. Danach meldete sich ihr Vater sofort freiwillig zum Militär.

Als kleines Kind konnte Jane den Vornamen Granny ihrer Großmutter mütterlicherseite nicht aussprechen und sagte stattdessen „Danny". Die Großmutter war Witwe, weil ihr Ehemann William Joseph, ein Waliser und Pfarrer der „Congregational Church", bereits vor der Geburt von Jane gestorben war.

Der „Birkenhof" war auch das Zuhause der beiden Tanten von Jane: Elizabeth Olwen, von Jane als „Olly" bezeichnet, und Mary Audrey Gwyneth, die mit ihrem Waliser Vornamen Gwyneth angesprochen werden wollte. Am Wochenende kam der Onkel Eric Joseph, der als Arzt in einem Londoner Krankenhaus arbeitete, zu Besuch. Kurz nach Kriegsbeginn wohnten außerdem zwei alleinstehende Frauen, die heimatlos geworden waren, mit auf dem Bauernhof.

Auf dem Bauernhof ihrer Großmutter „Danny" verbrachte Jane (Spitzname „V.J.") ihre restliche Kindheit und anschließend auch ihre Jugendzeit. Im großen Garten mit vielen Bäumen und einer grünen Wiese beobachtete sie allerlei Vögel, die Nester bauten, Spinnen, die Eierballen trugen, und Eichhörnchen, die einander durch die Bäume jagten.

Als ihren besten Kameraden in ihrer Kindheit und einen wundervollen Lehrer bezeichnete Jane später ihren Hund „Rusty". Dieser war eine schwarze Promenadenmischung mit einem weißen Fleck auf der Brust. Über „Rusty" sagte sie: „Er war intelligent und konnte selbst Probleme lösen. Ich wusste genau, dass er Gefühle hatte. Er konnte sehr traurig, glücklich, wütend und beschämt sein. Manchmal schmollte er auch richtig. ... Es war mir immer klar, dass Tiere Intelligenz, Gefühle und Persönlichkeit haben."

Außerdem gab es im Laufe der Zeit auf dem „Birkenhof" noch andere Haustiere: etliche Katzen, zwei Meerschweinchen, einen Goldhamster, mehrere Schildkröten und einen Kanarienvogel namens Peter. Zeitweise hatten Jane und ihre Schwester Judy jeweils eine eigene so genannte „Rennschnecke". Diesen Schnecken hatten sie jeweils eine Zahl auf ihr Haus gemalt. Sie wurden in einer mit einer Glasscheibe abgedeckten alten Holzkiste ohne Boden gehalten, die von den Mädchen auf der Wiese immer wieder ein Stück weiter gerückt wurde, damit die Schnecken frische Löwenzahnblätter fressen konnten.

Die Schwestern Jane und Judy erhielten von ihren Eltern eine christliche Erziehung. Der Vater und die Mutter zwangen sie weder zum Kirchenbesuch noch zum Beten zuhause vor den Mahlzeiten. Doch sie achteten darauf, dass ihre beiden Mädchen ein Nachtgebet sprachen, bei dem sie neben ihrem Bett knieten. Früh lernten sie Werte wie Mut, Ehrlichkeit, Mitgefühl und Toleranz.

Für die wissbegierige, phantasievolle und verträumte Jane begann 1940 mit sechs Jahren der so genannte „Ernst des Lebens", als sie in ihre erste Schule eintrat. Dabei handelte es sich um die kleine Schule namens „St. Christopher's" in Bournemouth. Ihre erste Lehrerin hieß Phillys Hillbrook und war ein Freund der Familie von Jane. Phyllis kam jede Woche einmal zum Bridge-Spielen auf den „Birkenhof". 1943 verließ Jane „St. Christopher's" und wechselte an die „Parents' National Educations Union School" („PNEU") in West Bournemouth.

Das Lernen in der Schule bereitete Jane viel Freude. Besonders interessant fand sie die Fächer englische Sprache und Literatur, Geschichte und Religion. In ihrer Freizeit las sie gern philosophische Werke, die einst ihrem Großvater gehört hatten. Außerdem schrieb sie Geschichten und Gedichte. An Wochenenden und in den Schulferien streifte sie mit dem Hund „Rusty" an der Küste herum und beobachtete Wildtiere wie Wiesel, Mäuse, Igel, Eichhörnchen, Eichelhäher, Füchse und Kaninchen. Manchmal zog sie mit Freundinnen los und spielte mit ihnen an Küstenhängen oder am Strand.
Jane war zwölf Jahre alt, als sich ihre Eltern scheiden ließen. Für sie änderte sich dadurch nicht viel, weil sie weiterhin mit ihrer Mutter Vanne und mit ihrer Schwester Judy auf dem „Birkenhof" lebte.
Mit etwa zwölf Jahren säuberte Jane an Samstagen in einer Reitschule Sättel und Zaumzeug, mistete Ställe aus und half auf dem Hof. Zur Belohnung durfte

Urwaldheld „Tarzan"

„Spindle" – so ihr neuer Spitzname – kostenlos reiten. Reitstunden konnte ihre geschiedene Mutter nicht bezahlen. Eines Tages durfte Jane sogar ein Turnierpferd reiten. Gelegentlich beteiligte sie sich an Springturnieren. Ihre Begeisterung an einer Fuchsjagd, bei der sie mit den Jägern in roten Uniformen reiten durfte, erlosch schlagartig, als zum Schluss der abgehetzte Fuchs von Hunden in Stücke gerissen wurde.

Als Schulmädchen kletterte Jane oft auf eine Buche im Garten des „Birkenhofes". Diesen Baum mochte sie so sehr, dass sie ihre Großmutter „Danny" dazu überredete, ihn ihr testmentarisch zu vermachen. Auf jener Buche lauschte sie oft dem Gesang der Vögel und las viele Bücher. Ihre Lieblingslektüre waren „Tarzan", „Jungle Book" und „The Story of Doctor Doolittle". In den fiktiven Urwaldhelden „Tarzan verliebte sie sich mit 13. Sie war eifersüchtig auf dessen Gefährtin Jane, die denselben Vornamen wie sie trug. Damals reifte ihr Entschluss, in Afrika mit Tieren zusammenzuleben und Bücher über sie zu schreiben.

Ab 1945 besuchte Jane die „Uplands School" in Parkstone (Dorset). Diese private Mädchenschule befand sich unweit ihres damaligen Wohnortes Bournemouth. Im Sommer 1946 gründete Jane zusammen mit Kindern aus der Nachbarschaft den „Alligator Club", der Touren in die Natur unternahm und sich um alte Pferde kümmerte. Jane leitete diesen Natur-Club und gab eine Zeitschrift namens „Alligator Letter" mit Artikeln wie beispielsweise über Vogeleier oder Tierspuren, Puzzles und Rätseln heraus. Damals trug sie den Spitznamen „Red Admiral".

Als der neue Pfarrer, Reverend Trevor Davies, sein Amt an der Richmond-Hill-Church in Bournemouth antrat, verliebte sich die 15-jährige Jane unsterblich in ihn. Ihre Zuneigung war aber platonisch. Gern ging sie damals an Sonntagen zur Kirche. Die sechs Tage zwischen den Sonntagen erschienen ihr trostlos. An Werktagen spazierte sie abends am Pfarrhaus vorbei und warf einen Blick durch das erleuchtete Fenster der Studierstube des Pfarrers.

Jane wusch sich sogar die Hände nicht mehr, wenn ihr Reverend Davies nach dem Gottesdienst die Hand gegeben hatte. Als er in einer Predigt sagte, man solle nicht nur einen, sondern auch einen zweiten Schritt tun, machte Jane in der folgenden Woche alles doppelt. Zum Beispiel sagte sie allen zweimal gute Nacht und nahm zweimal hintereinander ein Bad. Wegen ihrer Schwärmerei für den Pfarrer wurde sie auf dem „Birkenhof" oft geneckt.

Mit 16 fühlte Jane eine starke Liebe zu Jesus. Seine Gewissensqualen im Garten von Gethsemane und das Martyrium seiner Kreuzigung auf Golgatha gingen ihr nicht aus dem Kopf. Oft dachte sie darüber nach, ob sie das aushalten könne, was Jesus und Märtyrer erlitten hatten. Beim Lesen der Bibel erschienen ihr manche Passagen logisch, andere dagegen unlogisch. Nicht glauben konnte sie zum Beispiel, dass die Welt in sieben Tagen erschaffen worden sei, was ja auch nicht zutrifft. Eines Tages schrieb Jane in Schönschrift auf kleine Papierstreifen von etwa fünf Millimeter Breite und bis zu zehn Zentimeter Länge ausgewählte Verse aus dem Alten und dem Neuen Testament. Diese Papierstreifen rollte sie fest zusammen und deponierte jeweils 20 davon in sechs Streichholzschachteln. Jene Streichholzschachteln klebte sie zusammen und schuf so eine Miniatur-Kommode, deren sechs Schubladen jeweils mit einem kleinen Messingring aufgezogen werden konnten. Die Oberfläche der kleinen Kommode verzierte sie mit einem Miniaturbild von der Geburt Jesu. Jane machte 1952 mit 18 Jahren an der „Uplands School" in Parkstone das Abitur. Obwohl sie ein ausgezeichnetes Zeugnis hatte, konnte sie nach dem Ende der Schulzeit kein Studium an einer Universität beginnen. Ihrer alleinerziehenden Mutter fehlte das Geld, um die Studiengebühren bezahlen zu können. Ein Stipendium war nur zu bekommen, wenn jemand eine Fremdsprache gut beherrschte, was aber bei Jane nicht der Fall war. Die in Köln lebende Tante väterlicherseits namens Joan und deren Ehemann Michael Spens luden Jane und ihre Mutter im Sommer 1951 zu einer kurzen Reise nach Deutschland ein. Dort arbeitete Onkel Michael in der Verwaltung der britischen Verwaltungszone. Tante Joan arrangierte, dass Jane drei Monate lang von Mitte September bis Mitte Dezember 1952 bei einer deutschen Familie mit vier Kindern leben konnte. Zurück in England wurde Jane von ihrer Mutter dazu überredet, sie solle Sekretärin werden, weil eine solche überall Arbeit fände. Jane träumte damals immer noch davon, in einem fernen Land, am liebsten in Afrika, mit Tieren zu arbeiten. Neben Lyrik und Philosophie las sie gern Tierbücher. Jane begann ihre Ausbildung zur Sekretärin in London. Nach eigenen Angaben war sie mit 19 noch sehr naiv für ihr Alter. Sie besuchte Kunstgalerien, klassische Konzerte und das „Natural History Museum", eines der größten naturhistorischen Museen der Welt. Ein junger Mann, den sie kennenlernte, lud sie zum Essen und ins Theater ein. Damals war sie knapp bei Kasse, aß mittags oft nur ein Wurstbrötchen und abends ein gekochtes Kohlviertel und einen Apfel oder einen Keks.

An einer Londoner Wirtschaftsschule besuchte Jane kostenlose Abendkurse. Sie wählte Kurse in Journalismus, englischer Literatur und Theosophie. Nach den Kursen gingen etliche Teilnehmer – darunter auch Jane – in ein Café und unterhielten sich dort stundenlang. Damals verliebte sich Jane in einen merk-lich älteren Niederländer, einen ehemaligen Wider-standskämpfer. Fast wäre es zu einer Affäre mit die-sem Holländer gekommen, aber ihr Schwarm war verheiratet.

Nach dem Abschluss der Sekretärinnenschule arbeitete Jane in einer Klinik, an der ihre Tante Olly als Physiotherapeutin wirkte. Sie arbeitete überwiegend mit Kindern, die wegen Polio oder eines Unfalls gelähmte Arme oder Beine hatten oder an Gehirnlähmung, Muskelschwund oder anderen Gebrechen litten. Jane hatte die Aufgabe, den jeweiligen Kommentar des Arztes mitzuschreiben und abzutippen.

Danach bekam Jane eine Stelle als Sekretärin an der renommierten „University of Oxford", die ihr Einblicke in das Studentenleben erlaubte. Es folgte ein Job in einem kleinen Londoner Filmstudio, wo sie die Begleitmusik für Dokumentarfilme auswählte. Dabei lernte sie alle Bereiche des Filmemachens kennen.

Am 18. Dezember 1956 erhielt Jane einen Brief von ihrer besten Schulfreundin Marie Claude („Clo") Mange, von der sie lange nichts mehr gehört hatte. In dem Brief, der aus Afrika kam, schrieb „Clo", ihre Eltern hätten gerade in Kenia eine Farm erworben und sie fragte Jane, ob sie zu Besuch kommen wollte.

Jane war von dieser Einladung begeistert. Sie musste aber erst das Reisegeld für die Hin- und Rückreise verdienen. Denn in Kenia durften nur Leute einreisen, die ein Rückfahrt-Ticket besaßen oder für die jemand gut bürgte. Weil Jane in London wenig verdiente, kündigte sie noch am selben Tag ihren Job im Filmstudio und zog nach Bournemouth, wo sie bei ihrer Familie auf dem „Birkenhof" leben und jeden Penny sparen konnte, den sie als Kellnerin verdiente. Ihren Lohn versteckte sie jedes Wochenende unter dem Teppich im Salon vom „Birkenhof". Nach fünfmonatiger harter Arbeit zählte die ganze Familie an einem Abend bei zugezogenen Vorhängen die Ersparnisse von Jane. Zusammen mit dem Geld, das sie bereits in London verdient hatte, reichte die insgesamt angesparte Summe für die Reise nach Afrika, die in ihrem Leben eine Wende bewirkte.

Jane war 23 Jahre alt, als sie mit dem Passagierschiff „Kenya Castle" 1957 nach Mombasa in Kenia fuhr. Sie teilte ihre Kabine mit fünf anderen Mädchen. Die Fahrt dauerte eine Woche länger als geplant, weil wegen des Suez-Krieges der Suez-Kanal eine Woche vor dem Ablegen des Schiffes gesperrt wurde. Kurzerhand beschloss die Reederei, an der Westküste von Afrika entlangzufahren um das „Kap der Guten Hoffnung" und dann hinauf nach Mombasa. Der Umweg machte die Schiffsreise noch teurer.

Nach der Ankunft in der Hafenstadt Mombasa fuhr Jane zwei Tage lang von der Küste ins Landesinnere nach Nairobi, wo sie von ihrer Schulfreundin „Clo" und deren Eltern abgeholt wurde. Danach ging es mit dem Auto weiter zur Farm ihrer Gastgeber in Kinankop auf dem „Weißen Hochland". Unterwegs sah Jane in der Dämmerung am Straßenrand einen Giraffenbullen, weswegen der Vater von „Clo" kurz anhielt, bis das Tier davongaloppierte.

In den folgenden Wochen lebte Jane auf der Farm der Familie von „Clo". Während dieser abwechslungsreichen Zeit sah und hörte sie immer wieder wilde Tiere. Aber auch der Hass zwischen Weißen und Schwarzen, die unter den Folgen des blutigen Aufstandes der Mau-Mau in den 1950-er Jahren zu leiden hatten, blieb ihr nicht verborgen. Viele Menschen erzählten von Grausamkeiten jener Zeit. Von einem netten jungen Mann wurde Jane zu einem Ausritt eingeladen, der sich als Jagd auf einen Schakal entpuppte.

Als die Ferien auf der Farm zu Ende gingen, zog Jane nach Nairobi, wo sie als Sekretärin des Managers der kenianischen Filiale einer britischen Firma arbeitete Diesen Job hatte Onkel Eric schon vor der Abreise aus England vermittelt. Jene Tätigkeit erschien ihr zwar langweilig, aber sie verdiente damit genug Geld, um in Afrika bleiben zu können, bis sie eine Arbeit mit Tieren fand. Eines Tages kam Jane der Zufall zu Hilfe. Als sie nach einer Abendgesellschaft nach Hause gebracht wurde, riet ihr einer der Mitfahrer, wenn sie an Tieren interessiert sei, solle sie Louis Leakey (1903–1972) kennen lernen. Jane befolgte diesen Rat, vereinbarte einen Termin und besuchte den berühmten Paläontologen und Anthropologen im „Coryndon-Museum für Naturgeschichte" auf. Jenes Museum war nach Robert Coryndon (1870–1925), benannt worden, der von 1918 bis 1922 Gouverneur in Uganda und von 1922 bis 1925 Gouverneur in Kenia war. Heute bezeichnet man das ehemalige „Coryndon-Museum" als „National Museum of Kenya". Das große Büro von Leakey war übersät mit Papierstapeln, fossilen Knochen und Zähnen sowie Steinwerkzeugen. Louis führte Jane durch sein Museum und stellte ihr viele Fragen zu den ausgestellten Objekten. Da Jane viel über die Tierwelt von Afrika gelesen hatte, konnte sie die meisten Fragen beantworten.

Louis Leakey war damals 54 Jahre alt. Jane beschrieb ihn als „ein wahrer Hüne von Mann, ein echtes Genie mit einem wissensdurstigen Geist, enormer Energie, großem Weitblick und einem köstlichen Sinn für Humor". Später erlebte sie aber auch, dass er aufbrauste und ungeduldig wurde gegenüber Leuten, welche er für Dummköpfe hielt, was nach seiner Ansicht alle waren, die anders dachten als er. Auch Louis war von Jane sehr angetan. Er bot ihr eine Stelle als Privatsekretärin an und sie sagte zu.

Im „Coryndon-Museum für Naturgeschichte" lernte Jane die Tiere von Ostafrika kennen. Außerdem erfuhr sie viel über die verschiedenen Stämme der Schwarzen, vor allem über die Kikuyu, mit denen Louis Leakey aufgewachsen war. Louis verfasste damals gerade ein

Louis Leakey (1903–1972)

Buch über die Geschichte und Sitten der Kikuyu, das er Jane diktierte.

Bald nach Antritt ihrer Stelle durften Jane und Gillian Trace, eine weitere englische Mitarbeiterin am Museum, an der alljährlichen dreimonatigen Ausgrabung von Louis Leakey und seiner Ehefrau Mary (1913–1996) in der Olduvai-Schlucht in Tanganjika teilnehmen. Tanganjika wurde im Oktober 1964 neben Sansibar einer der Teilstaaten der Vereinigten Republik Tansania. Die Olduvai-Schlucht war damals nur den Massai bekannt, die als Nomaden auf der Serengeti-Hochfläche lebten. Jane und Gillian saßen während der letzten Strecke vom Ngoro-Krater zur Olduvai-Schlucht auf dem Dach des überfüllten Landrovers und spähten nach den schwachen Reifenspuren der Leakeys vom letzten Jahr, denen sie folgten.

In der Olduvai-Schlucht suchten die Leakeys nach Belegen für die Theorie von Louis, dass die Wiege der Menschheit in Afrika stand. Die Ausgrabung in der Olduvai-Schlucht war mit harter Arbeit verbunden. Zunächst entfernten einige Afrikaner, welche die Leakeys begleiteten, mit Spitzhacken und Schaufeln die oberste Erdschicht. Bevor die Fossilienschicht erreicht wurde, übernahm Mary Leakey die schwere Arbeit mit Hacke und Schaufel, bei der ihr Jane half. Sobald sie auf die Fossilienschicht stießen, stocherten Mary und Jane die harte Erde mit Jagdmessern heraus und suchten nach Knochen. Wenn sie einen Knochen erspähten, kamen Zahnstocher beim Freilegen zum Einsatz. Während der dreistündigen Grabungsphase in der größten Hitze des Tages wurden unter einer aufge-

Foto auf Seite 25:

*Olduvai-Shlucht (Olduvai Gorge)
in Tansania.
Diese archäologische Fundstelle
gilt als
„Wiege der Mennschheit".
Dort beteiligte sich Jane Goodall
an einer Ausgrabung
von Louis Leakey
und seiner Ehefrau Mary Leakey.*

Eingang des „National Museum of Kenya"
(früher „Coryndon-Museum") in Nairobi (Kenia)

spannten Plane, die als Sonnenschutz diente, die Funde sortiert und etikettiert.

In ihrer Freizeit unternahmen Jane und Gillian in der Olduvai-Schlucht kleine Streifzüge durch die unberührte Natur. Dabei begegneten den beiden jungen Frauen gelegentlich Zwergantilopen, Grantgazellen, Giraffen, ein Spitzmaulnashorn und junge Löwen.

Gegen Ende dieser Grabung in der Olduvai-Schlucht unterhielt sich Louis Leakey erstmals mit Jane über deren starkes Interesse an Schimpansen, Gorillas und Orang-Utans. Die großen Menschenaffen interessierten ihn besonders, weil sie die engsten lebenden Verwandten des heutigen Menschen sind. Zudem glaubte Louis, durch den tieferen Einblick in ihr Verhalten in der Wildnis könne er bessere Vermutungen darüber anstellen, wie sich die steinzeitlichen Vorfahren verhalten haben könnten. Louis plante, eine wissenschaftliche Studie über die Schimpansen anzustoßen.

Nach der Rückkehr aus der Olduvai-Schlucht arbeitete Jane wieder im „Coryndon-Museum" in Nairobi. Dort missfiel ihr die „Gesellschaft all der toten Tiere und all des Mordens, das in Kauf genommen wurde, um Musterexemplare für die wissenschaftliche Sammlung zu erhalten". Besonders schlimm empfand sie ihre Teilnahme an einer Sammel-Expedition im Kakamegawald, wo viele Wildtiere als Muster gefangen, getötet und gehäutet wurden.

Kurioserweise war Jane damals ausgerechnet in einen weißen Jäger namens Brian verliebt, der Gäste zur Jagd mitnahm. Dieser Mann hatte kürzlich einen Autounfall erlitten, bei dem er fast beide Beine verlor. Als Jane ihn kennenlernte, steckte der Jäger von den Zehen bis zur Brust in Gips und ertrug dies tapfer. Ein ganzes Jahr, in dem Jane ihn kannte, war er lahm. Jane hoffte, sie könne ihn von der Jagd abbringen. Aber dies klappte nicht und die Beziehung scheiterte.

Gern hätte Jane eine Tätigkeit ausgeübt, bei der sie Tiere beobachten und etwas lernen konnte, ohne töten zu müssen. Bei einem ihrer Gespräche mit Louis Leakey über Schimpansen erklärte sie spontan, er solle nicht immer nur davon reden, denn genau dies würde sie für ihr Leben gern tun. Zu ihrer großen Überraschung antwortete Louis augenzwinkernd, er habe darauf gewartet, dass sie das endlich sage. Was habe sie denn gedacht, warum er dauernd von Schimpansen mit ihr spreche. Obwohl Jane weder eine entsprechende Ausbildung noch einen akademischen Grad hatte, hielt Leakey sie für eine Studie über Schimpansen geeignet. Er hatte jemand gesucht, der unbefangen denkt, gern lernt, Tiere liebt und fleißig ist sowie längere Zeit fern von der Zivilisation leben kann, weil die Studie wohl mehrere Jahre lang dauern würde.

Während Louis Leakey das für die Studie über Schimpansen nötige Geld auftreiben und die hierfür erforderlichen Genehmigungen beschaffen musste, kehrte Jane nach England zurück, um sich für ihre große Aufgabe vorzubereiten. In der Heimat las sie alle Veröffentlichungen über Schimpansen, die sie beschaffen konnte, und beobachtete zeitweise Schimpansen im Londoner Zoo, die allerdings zu ihrer Enttäuschung nur gelangweilt in ihrem relativ kleinen Käfig saßen.

Tatsächlich schaffte Louis Leakey das Kunststück, jemand zu finden, der die Studie finanzierte, die er einer jungen, unerfahrenen Frau anvertrauen wollte. Dieser Förderer war der Amerikaner Leighton A. Wilkie (1900–1993) aus Illinois, der eine Werkzeugfabrik besaß und sich für die Sammlung prähistorischer Funde von Leakey interessierte. Das Geld, das er zur Verfügung stellte, reichte für ein kleines Boot, ein Zelt, den Flugpreis und andere Ausgaben für den sechsmonatigen Aufenthalt in der Wildnis.

Die Behörden von Tanganjika, wo die Studie an den Schimpansen erfolgen sollte, waren nicht davon begeistert, dass eine junge Weiße in den Busch ziehen wollte. Doch Louis Leakey ließ nicht locker und erreichte die Zustimmung unter der Bedingung, Jane solle eine europäische Begleitung mitnehmen. Zur großen Freude von Jane stellte sich ihre Mutter Vanne hierfür zur Verfügung.

Die beiden Frauen fuhren im Juli 1960 in einem überladenen Landrover, den Bernard Verdcourt, der Botaniker des „Coryndon-Museums", steuerte, nach Kigoma in Tanganjika. Dort trennte sie nur noch eine kurze Bootsfahrt über den Tanganjikasee von den bewaldeten Bergen der Gegend von Gombe. Jane befürchtete, das Boot könne sinken oder sie ins Wasser fallen und von einem Krokodil gefressen werden. Nach einer Stunde hatten sie in Begleitung des Wildhüters David Anstey die 18 Kilometer lange Strecke geschafft und trafen am Wildhüterposten ein, der als Standort vorgesehen war. Nun entluden sie ihr Boot und stellten Zelte auf. Ihr kleines Lager bestand aus einem Zelt, in dem Jane und

Kopf eines Schimpansen,
Zeichnung aus
„Popular Science Monthly Volume 13"
von 1878

ihre Mutter wohnten, einem Minizelt für den Koch Dominic sowie einer Küche aus vier Pfosten und einem Strohdach. Nach einigen Tagen verabschiedete sich der Wildhüter David, der Jane bat, nicht alleine in den Bergen herumzuklettern, ehe sie sich gut auskannte. Ein Wildhüter namens Adolf und der Einheimische Rashidi Kikwale sollten Jane begleiten.

In der Anfangszeit hatten die wildlebenden Schimpansen offenbar Angst vor Jane. Sie flüchteten sofort, wenn sie diese erblickten. Jane wusste, dass sich diese Menschenaffen nur allmählich an sie gewöhnen würden, aber nicht, wie lange das dauern würde. Jane befürchtete, nichts „wirklich Bedeutsames" zu erfahren, bevor die Finanzierung der wissenschaftlichen Studie endete. Louis Leakey hätte wohl schwerlich weitere Mittel beschaffen können, falls keine Ergebnisse vorlagen. Ihn wollte sie nicht enttäuschen.

Nach sechswöchigem Aufenthalt in Gombe erkrankten Jane und ihre Mutter an Malaria, obwohl ein lokaler italienischer Arzt versichert hatte, in Gombe trete keine Malaria auf. Deswegen hatten die beiden Frauen keine Medikamente gegen Malaria mitgebracht. Sie lagen auf ihren schmalen Feldbetten und litten abwechselnd unter Fieberhitze und Schüttelfrost. Die Mutter hatte vier Tage hintereinander hohes Fieber um 40 Grad Celsius, war zeitweise zu schwach zum Gehen, überlebte aber.

Als sich Jane wieder besser fühlte, setzte sie die Suche nach den Schimpansen fort. Eines Tages stand sie früh auf und kletterte den steilen Hang gegenüber ihrem Zelt hinauf. Dabei entdeckte sie schätzungsweise 150 Meter über dem See eine runde Felskuppe, von der aus sie zwei Täler überblicken konnte. Das Kakombetal, in dem sich ihr Lager befand, und das Kasakelatal im Norden. Als Jane dort rastete, hörte sie unten im Tal Schimpansen. Mit dem Fernglas entdeckte sie, dass Schimpansen auf einem Feigenbaum saßen und Blätter fraßen.

Fortan gelangen Jane jeden Tag neue Entdeckungen über das Leben der Schimpansen. Sie stand jeweils um 5.30 Uhr auf, wenn sich der Mond noch im Tanganjikasee spiegelte, verzehrte eine Scheibe trockenes Brot, trank Kaffee aus der Thermoskanne und kletterte im Dunkeln zur Felskuppe empor. Wenn sie eine Gruppe oder einen einzelnen Schimpansen beobachtet hatte, kletterte sie wieder hinunter ins Tal und sammelte die Essensreste ein. Langsam gewöhnten sich die Schimpansen an die junge Frau.

Immer öfter machte sich Jane mit Fernglas, Block und Bleistift im Rucksack auf den Weg zu den Schimpansen von Gombe, die in den Baumwipfeln des tropischen Regenwaldes schliefen. Sie hockte sich unter Schlaf-nestern auf den Boden und wartete geduldig, bis die Affen aufwachten. Danach beobachtete sie die Schim-pansen nicht unerkannt aus einem Versteck, sondern von den Tieren sichtbar. Wenn sie den Schimpansen auf deren Wanderungen folgte, bewahrte sie immer eine respektvolle Distanz. Schon nach kurzer Zeit konnte sie der Fachwelt erstaunliche neue Erkenntnisse melden, welche die Experten teilweise verblüfften.

Die Streifzüge von Jane in der Wildnis waren nicht un-gefährlich. Einmal sah sie vor Anbruch der Dämmerung in etwa sechs Meter Entfernung einen riesigen Büffelbullen, konnte aber davonkriechen, bevor dieser sie bemerkte und eventuell angriff. Bei einem nächtlichen Aufenthalt auf einem Berg hörte sie den furchteinflößenden Ruf eines jagenden Leoparden. Am Seeufer wurde eine fast zwei Meter lange Wasserkobra, gegen deren Biss es damals kein Gegenmittel gab, von einer anrollenden Welle auf sie zugetragen. Ein Teil des Schlangenkörpers landete auf den Füßen von Jane, zu deren Glück die zurückschwappende Welle die Giftschlange wieder mitnahm, bevor dieses Reptil zubeißen konnte.

Nach drei Monaten in Gombe gelang Jane die erste wichtige Beobachtung. Durch ihr Fernglas erspähte sie ein Schimpansenmännchen, das auf einem roten Termitenhügel hockte und immer wieder mit einem Grashalm in ein Loch stieß. Nach kurzer Zeit zog das Tier den Halm wieder heraus und lutschte etwas davon ab. Gelegentlich nahm es einen neuen Grashalm für diese Tätigkeit. Nachdem der Schimpanse verschwunden war, ging Jane zum Termitenhügel, wo viele abgerissene Grashalme lagen. Sie ahmte nach, was der Schimpanse mit dem Grashalm getan hatte und entdeckte nach dem Herausziehen, dass sich daran Termiten mit ihren Kiefern geklammert hatten. Dieser Schimpanse, den Jane wegen seiner hellen Barthaare als „David Greybeard" bezeichnete, hatte also ein Werkzeug benutzt, um Termiten habhaft zu werden und fressen zu können. Einige Tage später konnte Jane erneut den Werkzeuggebrauch eines Schimpansen beobachten. Diesmal wurde ein kleiner Zweig abgeknickt und von

Schimpanse „David Greybeard"

seinen Blättern befreit. Das war eine spektakuläre Entdeckung. Bis dahin nahm man an, Menschen seien die einzigen Lebewesen, welche Werkzeuge herstellten und benutzten.

Jane informierte Louis Leakey per Telegramm über ihre neuen Erkenntnisse. Dieser sagte daraufhin die berühmt gewordenen Worte: „Aha! Dann müssen wir entweder den Menschen oder den Werkzeuggebrauch neu definieren oder Schimpansen als Menschen akzeptieren." Weil die Beobachtungen von Jane die Einzigartigkeit des Menschen in Frage stellten, gab es einen Aufschrei in der Wissenschaft und Theologie. Einige Kritiker warfen Jane vor, sie habe keine entsprechende Ausbildung und könne deswegen keine zuverlässigen Informationen liefern. Doch ihre Fotos erbrachten stichhaltige Beweise. Manche Wissenschaftler vermuteten sogar, Jane habe den Schimpansen das „Termitenangeln" beigebracht. Heute weiß man, dass manche Tiere – und nicht nur Schimpansen – Werkzeuge benutzen. Bei Schimpansen beobachtete Jane später, dass diese Steine als Hammer und Amboss verwenden, um Nussschalen zu knacken.

Dank der neuen Erkenntnisse über den Werkzeuggebrauch erhielt Louis Leakey von „National Geographic Society" finanzielle Mittel, mit denen Jane Goodall ihre Studien über die Schimpansen fortsetzen konnte. Den Brief mit dieser erfreulichen Nachricht erhielt Jane kurz vor der Abreise ihrer Mutter, die nach fünf Monaten in Gombe wieder nach England zurückkehrte.

Nach der Abreise ihrer Mutter blieb Jane noch ein weiteres Jahr in Gombe. Sie vermisste ihre Mutter sehr, die eine geduldige Gefährtin gewesen war, oft allein im Lager zurückbleiben musste und in einer kleinen Krankenstation afrikanische Patienten versorgte. Mit im Lager lebten weiterhin der Koch Dominic und neuerdings dessen Ehefrau und Tochter. Außerdem schickte Louis Leakey seinen Bootsführer Hassan vom Victoriasee nach Gombe.

Statt Nummern, wie es damals in der Verhaltensforschung üblich war, gab Jane Goodall den Schimpansen, die sie beobachtete, jeweils einen Namen wie beispielsweise David Greybeard, Goliath, Mr. Mc Gregor, Flo, Fifi, Faben, Figan, William, Olly, Gilka, Mr. Worzle oder Wilkie (benannt nach Leighton A. Wilkie, dem ersten Finanzier der Studie). Außerdem beschrieb sie sie als lebhafte Persönlichkeiten und bescheinigte ihnen eine Art menschlicher Gefühle.

Je länger Jane in Gombe die Schimpansen beobachtete, um so mehr wurde ihr bewusst, wie ähnlich diese den Menschen in vieler Hinsicht sind. Sie dachten logisch und planten die unmittelbare Zukunft voraus. Jane entdeckte, dass Schimpansen Blätter zusammenrollen, um damit Regenwasser schöpfen zu können. Häufig dienten ihnen Steine als Wurfgeschosse. Manche männlichen Schimpansen konnten mit Steinen erstaunlich gut zielen. Bestimmte Verhaltensweisen der Schimpansen schienen die gleiche Bedeutung wie bei Menschen zu haben: beispielsweie Küssen, Umarmen, Händchenhalten, Rücken klopfen, Herumstolzieren, Boxen, Treten, Kitzeln, Purzelbäume oder Sich-im-Kreis drehen. Offenbar gebe es dauerhafte, liebevolle, feste Bindungen zwischen Familienmitgliedern und engen Freunden sowie gegenseitige Hilfe und Fürsorge. Manchmal waren Schimpansen aber auch nachtragend und grollten jemand mehr als eine Woche lang.

1960 berichtete Jane Goodall aus Gombe, jeder der von ihr beobachteten Schimpansen habe seine eigene Persönlichkeit. Dies wurde damals von Wissenschaftlern nicht akzeptiert, weil man nur Menschen einen Charakter zuschrieb. Man kritisierte auch, dass sie den Schimpansen Namen und keine Nummern gab. Die wissenschaftliche Zeitschrift, bei der sie damals ihr erstes Manuskript eingereicht hatte, schickte ihr dieses zurück und ersetzte jedes „er" oder „sie" durch „es" oder „welches". Doch Jane machte diese Änderungen rückgängig und gewann ihren ersten Kampf gegen die etablierte Wissenschaft.

Allmählich verloren die Schimpansen in Gombe ihre Scheu vor der jungen Frau mit den blonden Haaren. Sie wurden neugierig, unterließen Drohgebärden und nahmen Jane in ihre Gruppe auf.

Ein weiteres ganz besonderes Erlebnis hatte Jane mit dem Schimpansen „David Greybeard". Nachdem sie ihm eine Weile zunächst auf einem Pfad und später durch dichtes Unterholz gefolgt war, rastete der Schimpanse an einem Bach, als hätte er auf sie gewartet. Jane setzte sich in seine Nähe, erblickte eine reife rote Ölpalmfrucht, hob sie auf und reichte sie „David Greybeard" auf ihrer flachen Hand. Der Schimpanse schaute Jane an, streckte seine Hand aus, um die Frucht zu greifen, ließ sie aber fallen und nahm stattdessen sanft die Frauenhand. Jane war davon tief bewegt. Kurz

danach stand „David Greybeard" auf und zog weiter.
Jane blieb sitzen und dachte intensiv über das Erlebte
nach.

1962 durfte sich Jane Goodall an der „University of
Cambridge" zur Promotion in Ethologie (Verhaltens-
biologie) einschreiben. Dies konnte sie dank einer höchst
selten erteilten Ausnahmegenehmigung tun, die sie
wegen ihrer außergewöhnlich erfolgreichen Verhaltens-
beobachtungen erhielt. Normalerweise hätte sie studiert
und mindestens den Bachelor-Grad erworben haben
müssen.

Gelegentlich pirschte die 30-jährige Jane Goodall mit
ihren zu einem Pferdeschwanz zusammengebundenen
blonden Haaren nackt durch den Urwald. Damit
verhinderte sie, dass durch nasses Elefantengras ihre
Kleidung nass wurde. Zu dieser Zeit lernte Jane den
niederländischen Baron, Regisseur und Fotografen
Hugo van Lawick (1937–2002) kennen, der von
„National Geographic Society" nach Gombe geschickt
worden war, um die Studie über die Schimpansen zu
dokumentieren. Hugo fotografierte Jane, als sie im
Urwald von Gombe die Schimpansen beobachtete. Am
28. März 1964 heirateten die Beiden kirchlich in London.
Nach der Heirat hieß Jane fortan Baroness van Lawick-
Goodall. Zusammen baute das Ehepaar eine For-
schungsstation auf.

1965 promovierte Jane Goodall an der „University of
Cambridge" zum „Doktor der Philosophie". Ihre
Doktorarbeit trug den Titel „Behavior of the Free-
ranging Chimpanzee". 1965 trat sie in dem TV-Film
„Miss Goodall and the Wild Chimpanzee", den ihr

Ehemann Hugo van Lawick mit ihr gedreht hatte, erstmals im Fernsehen auf.

Das Wildreservat Gombe wurde 1966 zum Nationalpark erklärt. Der „Gombe Stream-Nationalpark" wird wegen der zahlreichen dort lebenden Menschenaffen auch „Schimpansenland" genannt. Dieser kleinste Nationalpark von Tansania besteht aus einem ungefähr 15 Kilometer langen, von Urwald bewachsenen Streifen, der die steilen Hänge und Flusstäler rund um das nördliche Ufer des Tanganjikasees bedeckt.

Ab 1967 fungierte Jane Goodall als Direktorin des „Gombe Stream Research Center". In jenem Jahr erschien auch ihr Buch „My Friends the Wild Chimpanzees" und begann die Amerikanerin Dian Fossey (1932–1985) auf Anregung von Louis Leakey zunächst im Kongo ihre Studie über Gorillas.

Am 4. März 1967 ging aus der ersten Ehe von Jane Goodall mit Hugo van Lawick der Sohn Hugo Eric Louis (genannt „Grub") hervor. Ihn mussten seine Eltern von wildlebenden Schimpansen fernhalten, weil kleine Menschenkinder für diese Beutetiere sind, die getötet und gefressen werden.

Als junge Mutter folgte Jane in Gombe nicht mehr den Schimpansen in der Wildnis. Dies machten nun ihre Studenten und Feldmitarbeiter. Am Vormittag betreute ein Mitarbeiter ihren Sohn, während sie am Seeufer wissenschaftliche Abhandlungen, Berichte und Konzepte schrieb sowie Verwaltungsarbeiten erledigte. Am Nachmittag widmete sie sich ihrem Sohn, spielte meistens mit ihm und badete oft im Tanganjikasee, weswegen „Grub" bald schwimmen konnte. In den

Gorilla-Forscherin Dian Fossey (1932–1985)

Orang-Utan-Forscherin Biruté Galdikas

ersten drei Lebensjahren von „Grub" war Jane jede Nacht in seiner Nähe.

Nachdem „Grub" das schulfähige Alter erreichte, erhielt er zunächst Fernunterricht. Später unterrichtete ihn Jane. Nachdem dies schief lief, wirkten nacheinander junge Leute, die ein praktisches Jahr zwischen High School und Collegezeit absolvieren wollten, als Lehrer des Jungen.

Von 1971 bis 1975 wirkte Jane Goodall als Gastprofessorin für Psychiatrie und Humanbiologie an der „Stanford University" in Kalifornien (USA).

Zu den Frauen, die auf Anregung von Louis Leakey wildlebende Menschenaffen untersuchten, kam ab November 1971 die Kanadierin Biruté Galdikas hinzu. Sie untersuchte auf Borneo (Kalimantan) die Gewohnheiten und das soziale Verhalten von Orang-Utans. Eines der Treffen, bei denen Biruté ihr Vorhaben mit Louis besprach, hatte in der Wohnung der Mutter von Jane in England stattgefunden. Dabei trafen sich Biruté Galdikas, Jane Goodall und die zufällig nach England gekommene Dian Fossey.

Bis Anfang der 1970-er Jahre glaubte Jane Goodall, Schimpansen hätten ein „besseres" Verhalten als Menschen. Doch dann wurde ihr durch einen schrecklichen Vorfall plötzlich klar, dass diese Ansicht ein Trugschluss war. 1971 beobachtete einer ihrer Forscher namens David Zeuge einen brutalen Überfall männlicher Schimpansen aus einer benachbarten Horde. Dabei schlugen die männlichen Tiere die Schimpansenmutter, trampelten sie zu Boden, entrissen ihr etwa anderthalb Jahre altes Kind, töteten es und fraßen es teilweise. Die Schimpansenmutter konnte entkommen, blutete aber so stark, dass sie vermutlich einige Zeit später starb.

Anfangs hielten Jane und ihr Team diese mörderische Attacke für einen Einzelfall. Sie vermuteten, der Rädelsführer dieser Schimpansengruppe, den sie als „Psychopathen" betrachteten, weil er schon mehrfach weibliche Tiere seiner eigenen Gemeinschaft böse attackiert hatte, habe die anderen männlichen Tiere zu diesem „untypischen Verhalten" aufgestachelt. Doch in der Folgezeit wurden die Forscher noch sehr oft Augenzeugen von brutaler Aggression zwischen verschiedenen Gemeinschaften von Schimpansen, bei denen ein Schimpansenkind getötet wurde.

1971 erschien das Buch „In the Shadow of Man" (deutsch: „Wilde Schimpansen, Verhaltensforschung am Gombe Strom", 1971) von Jane Goodall. Darin schilderte sie detailliert die Individualität und die persönlichen Dramen der von ihr beobachteten Schimpansen.

Am 1. Oktober 1972 starb Louis Leakey, der Lehrer und Mentor von Jane Goodall, während einer Vortragsreise in London. Er hatte einen Herzinfarkt erlitten. Ab 1973 war Jane Gastprofessorin für Zoologie an der Universität von Daressalam in Tansania.

Jane und ihr Ehemann Hugo van Lawick waren oft aus beruflichen Gründen voneinander getrennt. Zum Beispiel, wenn sie eine Vortragsreise nach Amerika unternahm oder er einen Film in Westafrika drehte. Beide hatten unterschiedliche Auffassungen in wichtigen Fragen. Wegen zunehmender Streitigkeiten erfolgte 1974 die Scheidung. Danach blieben beide Freunde. Hugo heiratete 1978 Therese Rive, von der er 1984 geschieden wurde.

In der gefühlsmäßig schwierigen Zeit nach ihrer Scheidung nahm Jane an einer Konferenz der „UNESCO" in Paris teil. Bei einem Besuch in der berühmten Kathedrale „Notre Dame" glaubte sie, die Stimme Gottes zu hören. Sie vernahm allerdings keine Worte, sondern nur Klang.

1975 lernte Jane in Tansania einen Mann kennen, der in ihrem Leben fortan eine wichtige Rolle spielte. Dabei handelte es sich um den gebürtigen Briten Derek Bryceson (1923–1980), den Direktor des „Nationalparks von Tansania", Mitglied des Parlaments in Daressalam und einzigen frei gewählten Weißen in Schwarzafrika. Bryceson war im Zweiten Weltkrieg Bomberpilot der „Royal Air Force" gewesen, aber nach einigen Monaten abgeschossen worden. Beim Absturz wurde seine Wirbelsäule schwer verletzt, weswegen Ärzte meinten, er könne nie wieder gehen. Doch er schaffte es, wieder gehen zu können und mit einer einzigen Krücke zurechtzukommen. Allerdings hatte nur eines seiner Beine genügend Muskeln, um es zu bewegen. Das andere Bein musste er aus der Hüfte nach vorn schwingen. Nachdem er wieder gehen konnte, erwarb Bryceson an der „University of Cambridge" einen „Bachelor of Arts" in Landwirtschaft. Danach arbeitete er zwei Jahre lang auf einer Farm in Kenia. Anschließend bewarb er sich erfolgreich bei der britischen Regierung um eine Weizenfarm in den Vorbergen des Kilimandscharo. Dort begegnete er zwei Jahre später dem charismatischen Politiker Julius Nyerere und engagierte sich für die

Unabhängigkeit von Tanganjika, die 1961 erfolgte. Derek erhielt später verschiedene Kabinettsposten.

Kurz bevor Jane ihn kennen lernte, wurde Bryceson von Präsident Nyerere zum Direktor des Nationalparks ernannt. In dieser Funktion besuchte Derek regelmäßig den Park. Manchmal flogen Jane und ihr Sohn „Grub" mit ihm in seiner viersitzigen „Cessna" mit. Nachdem sie bei einer Notlandung um Haaresbreite dem Tod entgingen, entschlossen sich Derek und Jane zu heiraten. Nach ihrer zweiten Heirat mit Bryceson am 14. März 1975 blieb Jane in Gombe, kam aber oft zu Besuch nach Daressalam, wo Derek arbeitete und wohnte.

In einer Mai-Nacht 1975 erlebten die Bewohner des Lagers in Gombe furchtbare Szenen. Im Schutz der Dunkelheit überfielen 40 bewaffnete Afrikaner, die von Zaire (Kongo) aus mit einem Boot über den Tanganjikasee gefahren waren, das Lager. Die Eindringlinge entführten vier weiße Studenten, nämlich drei Amerikaner und einen Niederländer. Jemand glaubte, er habe vier Gewehrschüsse vom See her gehört. Deswegen befürchtete man, die Entführten seien ermordet worden Weil das Haus von Jane etwas weiter vom Seeufer entfernt lag, erfuhr sie erst von dem Überfall, als das Boot bereits wieder abgefahren war.

Nach diesem schockierenden Überfall mussten alle Bewohner, die keine Tansanier waren, Gombe verlassen. Sie zogen nach Daressalam und wohnten eng beieinander im Gästehaus von Bryceson. Nach zwei Monaten schrecklicher Ungewissheit über das Schicksal der vier entführten Studenten wurde einer von ihnen nach Kigoma geschickt, um die Lösegeldforderung für die drei noch gefangenen Opfer zu überbringen.

Bei den Entführern handelte es sich um Rebellen, die eine hohe Geldsumme und eine Waffenlieferung verlangten und zudem der tansanischen Regierung teilweise unerfüllbare Bedingungen stellten. Später schicken die Rebellen zwei Abgesandte nach Daressalam, um mit der amerikanischen und niederländischen Botschaft zu verhandeln. Nach schier endlosen Gesprächen wurde schließlich ein Lösegeld bezahlt, mit dem die revolutionäre Bewegung von Laurent Kabile (1939–2001) unterstützt wurde, der 20 Jahre später Präsident Mobutu (1930–1997) absetzte, die Macht in Zaire übernahm und das Land in „Demokratische Republik Kongo" umbenannte. Entgegen der Abmachungen ließen die Rebellen nach der nächtlichen Geldübergabe am Tanganjikasee nur zwei der drei noch in ihrer Gewalt befindlichen Entführungsopfer frei, nämlich zwei junge Frauen. Nach quälenden Wochen schickten sie aber endlich auch den dritten Entführten, einen Studenten, über den See nach Kigoma.

Weil Gombe monatelang als Risikogebiet galt, benötigte Jane für jeden Besuch des Lagers eine staatliche Genehmigung. Ohne die Hilfe ihres Ehemannes Derek, der bei der tansanischen Regierung ein hohes Ansehen genoss, hätte der Entführungsfall wohl das Ende des Forschungsprogramms von Jane in Gombe bedeutet. Derek motivierte die tansanischen Mitarbeiter im Lager, eine wachsende Verantwortung bei der täglichen Organisation des Forschungsvorhabens zu übernehmen.

Während eines Aufenthaltes in Daressalam erfuhr Jane 1975 über Funk geschockt vom ersten kannibalistischen Überfall einer Schimpansin und ihrer erwachsenen Tochter auf ein Neugeborenes ihrer eigenen Gemeinschaft. Jane glaubte, nicht richtig gehört zu haben, aber es war wahr. Als sie und Derek nach Gombe flogen, erfuhren sie die schauerlichen Einzelheiten. Eine Schimpansin namens „Gilka", die wegen Kinderlähmung ein gelähmtes Handgelenk besaß, hatte ihr Junges gewiegt, als plötzlich die Schimpansin „Passion" sie angriff. „Gilka" floh kreischend, hatte aber verkrüppelt und mit ihrem Baby im Arm keine Chance, zu entkommen. „Passion" entriss ihr das Kind, tötete es mit einem Biss in den Kopf und fraß dann mit ihrer Tochter und derem jugendlichen Sohn das Baby auf. Dies geschah, obwohl damals in Gombe kein Nahrungsmangel herrschte und sich „Passion" und „Gilka" seit langem kannten. Offenbar hatte bereits das erste Baby von „Gilka" ein Jahr zuvor das selbe Ende gefunden, das im Alter von wenigen Wochen plötzlich verschwunden war. Ein Jahr später verlor „Gilka" ein weiteres Mal ein Baby. Während eines erbitterten Kampfes erlitt „Gilka" Wunden, die nie mehr richtig verheilten. Zwei Jahre später lag ihre Leiche am Kakombe-Fluss.
Zwischen 1974 und 1978 kamen in der Gemeinschaft der Schimpansen, die in Gombe beobachtet wurden, insgesamt zehn Schimpansenkinder zur Welt. Davon überlebte nur eines. Fünf der Kinder fielen erwiesenermaßen den Schimpansinnen „Passion" und „Pom" zum Opfer. Bei den restlichen Babys vermutete man, dass sie das selbe traurige Schicksal erlitten. Als

„Passion" und „Pom" später erneut Kinder bekamen, hörte der Kannibalismus auf.

Von 1974 bis 1977 beobachtete Jane Goodall in Gombe einen blutigen Stammeskrieg zwischen zwei Gruppen von Schimpansen. Das Unheil bahnte sich an, als sieben erwachsene Schimpansenmänner und drei Schimpansenkinder mit ihren Müttern sich immer mehr in der südlichen Bergregion aufhielten, durch die zuvor die ganze Gemeinschaft gestreift war. Ab 1971 gab es zwei neue, getrennte Gruppen. Die kleinere so genannte Kahama-Gruppe hatte den Nordteil des Gebirges aufgegeben. Fortan wurde dadurch die größere Kasakela-Gruppe von den Plätzen im Süden, die sie bis dahin besucht hatten, ausgeschlossen.

Anfangs drohten sich die Schimpansenmänner beider Gruppen nur einander, wenn sie sich in der Übergangszone trafen. Dabei gab die Gruppe mit weniger Schimpansenmännern jeweils schnell auf und zog sich ins Innere ihres Heimatreviers zurück. 1974 erfolgte der erste vermutlich tödliche Angriff. Als sechs Männer aus der Kasakela-Gruppe an der Südgrenze einen jungen Kahama-Mann erspähten, stürmten sie auf ihn los, warfen ihn zu Boden, traten, schlugen und bissen ihn dann. Der Angegriffene erlag vermutlich seinen schweren Verletzungen, da er danach nicht mehr gesehen wurde. Weitere solcher brutalen Angriffe endeten ebenfalls mit dem Tod des jeweiligen Opfers. Allmählich wurden die meisten Mitglieder der Gruppe, die in die südliche Bergregion abgewandert war, umgebracht. Nur drei junge, kinderlose Schimpansinnen überlebten und wurden in die Kasakela-Gruppe zurückgeholt.

Nachdem Jane die ersten Beobachtungen über das mörderische Verhalten von Schimpansen veröffentlicht hatte, stritten sich viele Wissenschaftler über die Ursachen von Gewalttätigkeiten. Ein Teil der Forscher glaubte, Aggressivität sei angeboren und bereits in unseren Genen angelegt. Andere Gelehrte meinten dagegen, ein Menschenkind komme zur Welt wie ein unbeschriebenes Blatt, in das sich die während eines Lebens auftretenden Ereignisse einprägten. Davon würde das Verhalten des Kindes im Erwachsenenalter bestimmt. Im Oktober 1975 reiste Jane nach Amerika und lehrte zwei Wochen im Frühling und das ganze Herbstquartal hindurch Humanbiologie an der „Stanford University" in Kalifornien. In den USA erfuhr sie, dass zur Aufbringung des Lösegeldes noch Spenden benötigt wurden.

Dann kursierten plötzlich Gerüchte und man legte Jane nahe, die „Stanford University" wieder zu verlassen. Sie sollte wieder kommen, wenn Gras über alles gewachsen sei. Die meisten Gerüchte betrafen ihren Ehemann Derek, der gehofft hatte, die Freilassung der Studenten ohne Lösegeld zu erreichen, damit kein Präzedenzfall geschaffen würde. Deswegen warf man ihm vor, er habe den Tod der Entführten in Kauf nehmen wollen. In Wirklichkeit hatte sich Derek darum bemüht, dass die Entführten von der britischen Spezialeinsatztruppe „SAS" befreit werden sollten. Jane selbst warf man vor, dass sie sich nicht statt der Studenten als Geisel zur Verfügung gestellt hatte.

Jane verließ die „Stanford University" nicht, weil sie glaubte, dann wahrscheinlich nie mehr in die USA zurückkehren zu können. Stattdessen mietete sie ein Haus, in das zunächst sie, ihre Mutter Vanne und ihr Sohn „Grub" sowie später auch ihr Ehemann Derek zogen. Während des Herbstsemesters konnte Jane zumindest einen Teil der Gerüchte entkräftten. Aber danach war ihre Lehrtätigkeit an der „Stanford University" vorbei.

Weil nach der Entführung lange kein Akademiker mehr nach Gombe kam, unterstützte der Hauptgeldgeber das Forschungsprojekt nicht mehr. In dieser Notlage boten Fürst Ranieri di San Faustino (1901–1977) und dessen Ehefrau Genevieve (1919–2011), genannt „Genie", ihre finanzielle Hilfe an. Ranieri beantragte die Gemeinnützigkeit für ein Institut, das den Namen von Jane Goodall erhalten sollte. Als er plötzlich starb, führte seine Witwe „Genie" sein Werk fort.

1977 gründete die Primatenforscherin das „Jane Goodall Institute for Wildlife Research, Education and Conservation" („JGI"). Diese gemeinnützige Einrichtung verpflichtete sich folgenden Aufgaben: Verhaltensforschung über wildlebende Schimpansen in Freilandstationen, Schutzprojekte für Schimpansen und andere frei lebende Arten in Afrika, Verbesserung der Lebensbedingungen für gefangen gehaltene Schimpansen und andere Tierarten, Erreichen weltweit größter Aufmerksamkeit und Unterstützung dieser Bemühungen, Sorge um das Wohlergehen aller Geschöpfe, insbesondere aller bedrohten Arten sowie Bildung und Erziehung im Natur- und Umweltbereich.

Das „JGI" vermittelt Forschungsergebnisse und Wissen an junge Menschen in aller Welt. Es unterhielt 2012 bereits Büros in 22 Ländern. Ein „Jane-Goodall-Institut" gibt es heute in vielen Ländern der Erde, unter anderem auch in Deutschland, Österreich und der Schweiz.

Im Alter von neun Jahren ging „Grub" 1976 in England zur Schule. Der Junge lebte damals bei seiner Groß-mutter Vanne auf dem „Birkenhof". Jane betrachtete die Sitte, „Kinder aus Übersee mutterseelenallein auf Internate zu schicken", als entsetzlich. Die Ferien verbrachten Jane und „Grub" zusammen. Weihnachten und Ostern fuhr Jane zu ihrem Sohn nach England, in den Sommerferien kam „Grub" nach Tansania.

Wegen starker Schmerzen im Unterleib, die ihn schon seit längerer Zeit plagten, ging der Ehemann von Jane im September 1979 zum Arzt. Dabei wurde eine Geschwulst entdeckt. Innerhalb einer Woche flogen Jane und ihr Mann Derek nach England und suchten dort einen der besten Fachärzte des Landes auf. Dieser Mediziner stellte fest, dass Janes Gatte einen Tumor im Dickdarm hatte. Er machte den Beiden aber Mut, indem er erklärte, es sei nur eine einfache Operation nötig, nach der sich die meisten Patienten wieder erholten. Danach verbrachten Jane und Derek einige herrliche und erholsame Tage auf dem „Birkenhof" in Bour-nemouth.

Anschließend kehrte das Ehepaar nach London zurück. Dort wurde Derek operiert und Jane sollte in drei Stunden wieder ins Krankenhaus zurückkommen, um zu erfahren, wie der chirurgische Eingriff verlaufen sei.

Drei Stunden lang lief Jane angespannt in den Straßen der englischen Hauptstadt herum und kehrte dann ins Krankenhaus zurück. Dort ging die quälende Ungewissheit weiter. Endlich kam eine Krankenschwester und erklärte, es dauere länger, als man gedacht habe. Irgendwann wurde Derek nach der Operation herausgefahren. Sein Anblick war wegen allerlei Schläuchen, die „aus ihm herauskamen", für Jane schrecklich. Gegen neun Uhr abends wurde Jane vom Arzt zu einem Gespräch unter vier Augen in ein Zweibett-Krankenzimmer gebeten. Dort eröffnete er ihr, er habe sich geirrt. Es bestehe keine Hoffnung mehr für Derek. Er habe überall Metastasen und vielleicht nur noch drei Monate zu leben. Wie eine Schlafwandlerin fuhr Jane kurz danach mit der U-Bahn zu Pam Bryceson, der Schwägerin von Derek, bei der sie damals wohnte.

Als Derek noch im Londoner Krankenhaus lag, hörte Vanne Goodall, die Mutter von Jane, von einer Freundin, dass sich die Pianistin Hepzibah Menuhin (1920–1981), die Schwester des berühmten Geigers Yehudi Menuhin (1916–1999), in einer Klinik in Hannover (Deutschland) gegen Krebs behandeln ließ. Als diese für einige Wochen nach London kam, sprach Jane mit ihr. Die beiden Frauen riefen den behandelnden Arzt in Hannover an und organisierten die Aufnahme von Derek in das deutsche Krankenhaus. Dann sagte Jane ihrem bis dahin ahnungslosen Mann die Wahrheit über seine Krankheit.

Bereits einen Tag nach der Entlassung von Derek aus dem Krankenhaus in London flog Jane mit ihm nach Deutschland. Jane kam fast jeden Tag zu ihrem Ehemann ins Krankenhaus. Zwei Monate lang glaubten beide noch an eine Heilung. Während dieser Zeit arbeitete Derek an seiner Autobiografie und Jane tippte sie mit der Schreibmaschine ab. Beide hörten gemeinsam oft klassische Musik. Freunde aus England und Tansania riefen Derek an oder besuchten ihn sogar. Doch irgendwann verschlechtete sich der Zustand von Derek. Seine Schmerzen wurden so stark, dass er sie ohne Morphium nicht mehr ertragen konnte.

Jane lag nachts wach auf einem Notbett im Krankenzimmer ihres Ehemannes, als dieser starb. Sie hörte seine rasselnden Atemzüge und plötzlich sein letztes Todesröcheln. Als sie wusste, dass nun sein Leben vorbei war, kletterte sie zu ihm ins Bett und umklammerte ihn zum letzten Mal, bis eine Krankenschwester kam. Wegen der fürchterlichen Leidenszeit von Derek wurde der Glaube von Jane an Gott schwer erschüttert. Sie und ihr Ehemann hatten oft bis zu einer Stunde lang im Krankenhaus gebetet, dass die Krebszellen vernichtet werden sollten. Jane betetete auch oft in der kleinen Pension, in der sie ein Zimmer gemietet hatte. Aber die Gebete wurden nicht erhört.

Nach dem Tod von Derek hielt sich Jane noch kurze Zeit auf dem „Birkenhof" in Bournemouth auf, ehe sie nach Tansania zurückkehrte. Der Leichnam des Ehemannes von Jane wurde, wie Derek es sich gewünscht hatte, eingeäschert. Jane erinnert sich noch heute mit Entsetzen an den Moment, als ihr auf dem „London Heathrow Airport" ein Kästchen mit seiner Asche ausgehändigt wurde. Die Asche wurde von Jane in jener Gegend des Indischen Ozeans verstreut, wo

Derek mit ihr oft getaucht und die Tierwelt der Korallenriffe erkundet hatte.

Eine Woche später traf Jane nach sechsmonatiger Abwesenheit wieder in Gombe ein. Ihre Mitarbeiter im Lager erfuhren betroffen vom Tod Dereks und machten sich Sorgen um die Zukunft. Zwei Tage lang war Jane in Gombe sehr traurig, besonders am Abend, wenn sie sich allein im Haus aufhielt. Doch am dritten Morgen kletterte sie den steilen Hang zur Futterstation hinauf, um Schimpansen zu sehen und bemerkte plötzlich, dass sie lächelte. In der darauffolgenden Nacht erlebte sie Ungewöhnliches. Sie wachte irgendwann auf oder träumte dies nur. Jedenfalls sah sie Derek, der lächelte und lange mit ihr über Dinge redete, die sie wissen und tun sollte. Während Derek sprach, wurde der Körper von Jane starr und ihr Blut rauschte und pochte in ihren Ohren. Langsam entspannte sie sich wieder. Aber dann passierte ihr das Ganze noch einmal. Während der ersten sechs Monate nach Dereks Tod spürte Jane noch oft seine Gegenwart. Seine Anwesenheit spürte sie aber immer seltener, je mehr sie auch allein klar kam. Nach einigen Wochen in Gombe erholte sich Jane körperlich und seelisch und kehrte nach Daressalam in ihr Haus zurück. Dort waren ihr ihre beiden Hunde „Seranda" und „Cinderella" ein großer Trost. Manchmal verfasste sie Gedichte.

Im Oktober 1986 fand anlässlich der Veröffentlichung des Buches „The Chimpanzees of Gombe" von Jane Goodall in Chicago die Konferenz „Understanding Chimpanzees" zum besseren Verständnis der Schimpansen statt. Hierzu wurden alle Feldbiologen, die in Afrika Schimpansenforschung betrieben und einige, die in Gefangenschaft lebende Schimpansen beobachteten, eingeladen. Zwei Sitzungen gingen Jane besonders zu Herzen. Eine Sitzung über Natur- und Artenschutz machte ihr das Ausmaß bewusst, in dem die Schimpansen in ganz Afrika von der Bildfläche verschwanden. Eine andere Sitzung befasste sich mit den traurigen Bedingungen, unter denen Schimpansen in einigen medizinischen Forschungslabors der USA und anderer Teile der Welt gehalten werden. Als diese viertägige Konferenz beendet war, fühlte sich Jane in ihrem Herzen mehr denn je dem Natur- und Artenschutz sowie der Öffentlichkeitsarbeit verpflichtet und sie beschloss, ihre Forschungen über Schimpansen zu beenden.

Ab 1986 unternahm Jane fast ununterbrochen Reisen, um Spenden für verschiedene Naturschutz- und Aufklärungsprojekte des „Jane-Goodall-Instituts" zu sammeln und um möglichst viele Menschen ihre Botschaften zu übermitteln. Bei ihren Reisen machte ihre eine neurologische Störung namens Prosapagnosia zu schaffen, an der auch ihre Schwester Judy litt. Jane erkennt bereits am nächsten Tag jene Menschen nicht mehr, die nicht sehr schön oder sehr hässlich sind und keine ungewöhnliche Gesichtsform oder Nase haben. Manche Menschen, die sie nach kurzer Zeit nicht wieder erkannte, waren deswegen sehr verstimmt.

Bei ihren Reisen in afrikanische Länder wurde Jane auf das traurige Schicksal verwaister Schimpansenkinder aufmerksam. Dabei handelte es sich um Tiere, deren Mütter man abgeschossen hatte, um ihr Fleisch zu essen oder um ihre Kinder zu entreissen und damit Handel zu betreiben. Dank der Fürsprache von Jane errichtete man Heime für Schimpansen, die bei Händlern beschlagnahmt oder von Käufern zurückgegeben wurden, die solche Menschenaffen als Haustiere gehalten hatten.

Im März 1987 besuchte Jane das staatlich finanzierte „SEMA-Laboratorium" in Rockville im US-Bundesstaat Maryland, um sich über die Bedingungen zu informieren, unter denen Schimpansen als Versuchstiere gehalten wurden. Anlass hierzu war ein Videofilm gewesen, den Tierschutz-Aktivisten dort heimlich gedreht hatten und den Jane gesehen hatte. Was sie in diesem Laboratorium sah, erfüllte sie mit Trauer. In winzigen Käfigen von nur 50 mal 55 Zentimeter Grundfläche und 60 Zentimeter Höhe waren jeweils zwei kleine Schimpansen im Alter von etwa zwei oder drei Jahren zusammengepfercht. Sie hatten eine monatelange Quarantäne in den engen Zellen hinter sich. Nach der Quarantäne wollte man sie trennen, in einzelne Isolierkäfige sperren und dann zu Versuchszwecken mit Hepatitis B, Aids oder anderen Virenkrankheiten impfen.

Bei einer anschließenden Diskussion mit Mitarbeitern des „SEMA-Laboratoriums" und Beamten der Gesundheitsbehörden schlug Jane einen Workshop vor, bei dem Biomediziner, Tiermediziner sowie Techniker aus Laboratorien mit Feldforschern, Verhaltensforschern und Tierschützern erörtern sollten, wie die Lebensbedingungen der Labor-Schimpansen verbessert werden könnten. Dieser Workshop kam tatsächlich zustande.

Aber das Abschlussdokument, das Mindestanforderungen über die Käfiggröße, das Sozialleben und der geistigen Anregungen für Labor-Schimpansen stellte, wurde von der zuständigen übergeordneten Behörde weitgehend ignoriert.

Ein Besuch im „Laboratorium für experimentelle Medizin und Chirurgie an Primaten" („LEMSIP") der Unversität von New York war für Jane Goodall der Auslöser, dass sie sich fortan unermüdlich für die Primaten in Versuchslaboren einsetzte. In diesem Laboratorium hat sie 1988 erstmals den männlichen Schimpansen „JoJo" gesehen, der seit mehr als zehn Jahren allein in einem 1,50 Meter langen, 1,50 Meter breiten und 2,10 Meter hohen Käfig leben musste. Jane meinte hierzu bitter: „JoJo hatte kein Verbrechen begangen, und dennoch war er zu lebenslanger Haft verurteilt. Ich schäme mich, ein Mensch zu sein."

Eines Tages hörte Jane schlagartig auf, Fleisch zu essen. Sobald auf ihrem Teller irgendwelches Fleisch lag, hatte sie das lebende Tier vor Augen, das für sie getötet worden war. Dies regte nicht gerade ihren Appetit an. Als Vegetarierin fühlte sie sich viel gesünder. Sie verdammte aber keineswegs den Fleischgenuss. Die Fleischesser sollten nach ihrer Auffassung das Fleisch von Tieren vorziehen, „die sich des Lebens freuen durften und schließlich möglichst schmerzlos geschlachtet wurden".

1991 veröffentlichte Jane das Buch „Through a Window". Darin vertrat sie den Standpunkt, das anwachsende Wissen über die geistige und soziale Komplexität der Tiere müsse dazu führen, einen ethisch verantwortbaren Weg des Umgangs mit ihnen zu finden.

Jane Goodall (rechts)
mit freiwilligen Helfern des Jugendprojekts „Roots & Shoots"
in Ungarn am 17. Mai 2009

Dies beziehe sich auf die Haltung von Haustieren oder
zur Unterhaltung genauso, wie bei der Fleischgewinnung
oder bei Versuchslaboren oder bei sonstigen Arten des
Umgangs mit ihnen.

Mit Kindern in Tansania gründete Jane Goodall
1991 das Jugendprojekt „Roots & Shoots" (zu deutsch:
Wurzeln und Sprösslinge). Dieses eigenständige
Programm des „Jane-Goodall-Instituts" ermutigt
junge Menschen vom Kindergartenalter bis hin zum
Universitätsstudenten und darüber hinaus, in selbst-
entwickelten Projekten unterschiedlicher Art die
Einzigartigkeit lebender Arten sowie deren wech-
selseitige Abhängigkeit kennenzulernen und sich
aktiv um Mitmenschen zu kümmern, „Roots & Shoots"
verfügt inzwischen über ein Netzwerk von mehr als
10.000 Gruppen in mehr als 40 Ländern.

Die deutsche Sektion von „Roots & Shoots"
beispielsweise unterstützt ein Projekt für Schim-
pansenwaisen, das Jane Goodall auf der Urwaldinsel
Ngamba im Victoriasee ins Leben rief. Jene etwa 40
Hektar große Insel bietet etwa 30 Schimpansen einen
neuen Lebensraum. Viele dieser Tiere haben deutsche
Pateneltern.

Eine Sektion des „Jane-Goodall-Instituts" heißt
„Chimpanzoo". Deren Wissenschaftler studieren die
Lebensbedingungen gefangen gehaltener Schimpansen
und bemühen sich in vielen Ländern um deren
Verbesserung.

1994 initiierte Jane Goodall das Projekt „Tacare" („Lake
Tanganyika Catchment Reforestation and Education".
Dieses engagiert sich für die Wiederaufforstung des

Gebietes um dem Gombe-Nationalpark und für die Verbesserung der Lebensbedingungen der dortigen Menschen. An „Tacare" nehmen heute die Bewohner von 30 Dörfern am Tanganjikasee und rund um Gombe teil.

Im „Great Ape Project" („GAP") setzt sich Jane Goodall für bestimmte Rechte der Großen Menschenaffen ein. Beim „GAP" handelt es sich um eine internationale Organisation, hinter der die Idee steht, bestimmte Grundrechte, die derzeit dem Menschen vorbehalten sind, auch für Menschenaffen (englisch: Great Apes) – also Bonobos, Schimpansen, Gorillas und Orang-Utans – zu fordern: Das Recht auf Leben, der Schutz der individuellen Freiheit, Verbot von Folter. Das „GAP" geht zurück auf das 1993 erschienene Buch „Menschenrechte für die Großen Menschenaffen – Das Great Ape Projekt" („The Great Ape Project: Equality Beyond Humanity"), das von den Philosophen Paola Cavalieri und Peter Singer herausgegeben wurde. Es enthält Beiträge von 34 Autoren, darunter Jane Goodall und Richard Dawkins. Im Rahmen des „GAP" wird weltweit versucht, die Rechte auf Leben, Freiheit und ein Verbot der Folter von Großen Menschenaffen durchzusetzen. Aufgrund der großen genetischen Ähnlichkeit mit dem Menschen und dem ähnlich komplexen Geistes- und Gefühlsleben müssten diese gewährleistet werden.

1994 kam das Buch „With Love" (deutsch: Mit Liebe", 1998) von Jane Goodall auf den Markt. Darin erzählt Jane laut „Amazon" zehn herzerfrischende Geschichten, die sich während ihrer Erforschung der

Schimpansen in den Urwäldern von Tansania zugetragen haben.

1986 hatte der Theologe und Autor Phillip Berman, für dessen Werk „The Courage of Conviction" (deutsch: „Der Mut der Überzeugung") Jane Goodall einen Essay beigesteuert hatte, eine neue Buchidee. Er wollte mit Jane zusammen ein Werk verfassen, das verschiedene Gedanken ihres Essay vertiefen sollte. Weil Jane antwortete, sie habe dazu keine Zeit, schlug Berman ein ausführliches Interview vor, nämlich Fragen eines Theologen an eine Anthropologin. Doch später wichen sie von dieser Idee ab und es entstand eine Autobiografie, die 1999 unter dem Titel „Grund zur Hoffnung" auch in deutscher Sprache erschien.

Die meisten Menschen, die irgendwann mit Jane Goodall zu tun hatten, sind von ihr sehr begeistert. Ihre Kampagnen wurden unter anderem von dem Sänger Michael Jackson (1958–2009) und dem Schauspieler Jack Lemmon unterstützt. Der österreichische Jodelrocker Hubert von Goisern, der Ende der 1990-er Jahre einen Film über Jane drehte, schwärmte nach vier Wochen über sie: „Sie ist wirklich sehr charmant und anziehend".

Wenn sie sich früher in den Wäldern des „Gombe National Parks" in Tansania aufhielt, hatte Jane Goodall immer das seltsame Gefühl, sich außerhalb der Zeit zu bewegen. Eigentlich wollte sie nie eine Wissenschaftlerin werden, vertraute sie Hubert von Goisern an. Ihr Kindheitstraum war immer, nach Afrika zu gehen, mit Tieren zu leben und über sie Bücher zu schreiben.

Hubert von Goisern

Gefreut hat sich Jane über einen humorvollen Cartoon von Gary Larson, in dem sie erwähnt wird. Darin laust eine Schimpansin ihren Affenmann, hält dabei plötzlich inne und schimpft: „Aha, schon wieder ein blondes Haar. Wohl mal wieder „Feldstudien" mit dieser Jane Goodall gemacht?" Für eine Ausgabe von Larson-Comics verfasste Jane danach das Vorwort. In Shops des „Jane-Goodall-Instituts" verkaufte man T-Shirts, auf die der erwähnte Cartoon von Larson aufgedruckt ist.

Generalsekretär Kofi Anan ernannte 2002 Jane Goodall zur Friedensbotschafterin der „UN". 2003 zeichnete man Jane mit dem „Prinz von Asturien-Preis", dem spanischen Gegenstück zum schwedischen Nobelpreis, in der Sparte Wissenschaft und technische Forschung aus.

Mit ihrer Bemerkung, es gebe keinen Grund, warum solche Kreaturen nicht existieren könnten, gewann Jane Goodall die Sympathie von Kryptozoologen, die an die Existenz des Affenmenschen „Bigfoot" („Großfuß") mit angeblich Schuhgröße 61 glauben. Bei einem Symposium im nordkalifornischen „Willow Creek-China Flat Museum, in dem ein ganzer Flügel „Bigfoot" gewidmet ist, sprach Jane 2003 wegen einer anderweitigen Verpflichtung aber nicht selbst, sondern es wurde nur ein Video-Interview mit ihr gezeigt.

Im Mai 2008 forderte Jane Goodall das Nobelpreiskomitee auf, einen Nobelpreis für Alternativmethoden zu Tierversuchen zu schaffen. 2010 wandte sie sich unter Vergleich der Folter gegen Tierversuche oder Gewalt gegen Tiere. Im Herbst 2010 kam der

*Umstrittener Affenmensch „Bigfoot" („Großfuß"),
der angeblich fast in allen Gebirgen der USA und von Kanada
gesichtet worden sein soll*

Dokumentarfilm „Jane's Journey – Die Lebensreise der Jane Goodall" des deutschen Regisseurs Lorenz Knauer in die Kinos. Darin sah man Jane und ihren ersten Ehemann Hugo van Lawick auf Archivmaterial. Dieser Dokumentarfilm erhielt beim „Cinema for Peace" den „Grünen Oscar".

2010 erschienen auch die Bücher „Mein Leben für Tiere und Natur: 50 Jahre in Gombe" und „Jane's Journey – Die Lebensreise der Jane Goodall".

Auf die Frage „Was ist das Wichtigste, was Sie von Schimpansen gelernt haben?" antwortete Jane Goodall im Herbst 2010 dem Nachrichten-Magazin „Spiegel": „Zum einen habe ich durch sie erst richtig gelernt, dass auch wir Tiere sind. Wir sind Teil des Tierreichs und nicht durch eine eindeutige Linie von den übrigen Kreaturen getrennt. Außerdem habe ich durch die Schimpansen verstanden, wie wichtig frühe Kindheitserfahrungen sind. Bei den Schimpansen kann man sehr gut sehen, dass die Jungen, die gute, geduldige, tolerante und unterstützende Mütter haben, einen guten Start ins Leben haben. Die mit den strengeren und vor allem weniger unterstützenden Müttern dagegen sind in der Regel gestresst und nervös."

Als man Jane Goodall fragte, woher sie die Kraft für ihren Kampfgeist und Optimismus nehme, antwortete sie: „Ich hatte eine Mutter, die meine Leidenschaft für Tiere nicht nur tolerierte, sondern mich darin unterstützte. Und die mich, was noch wichtiger war, lehrte, an mich selbst zu glauben." So ist es kein Wunder, dass die Tochter ihre Autographie „Grund zur Hoffnung" ihrer Mutter Vanne Goodall gewidmet hat.

Jane Goodall mit Hund im August 2006

Foto auf Seite 63:

*Jane Goodall mit einem Kind
im August 2006*

Jane Goodall auf der „TEDGlobal 2007"
in Arusha (Tansania)

Jane Goodall hat für ihre segensreiche Arbeit zahlreiche Auszeichnungen erhalten. Das Online-Lexikon „Wikipedia" erwähnt folgende Ehrungen: Kyoto-Preis (1990), Global 500 Award (1997), Konrad-Lorenz-Preis (2002), Prinz-von-Asturien-Preis (2003), Ehrenmitglied des Club of Budapest (2003), Dame Commander (DBE) im Order of the British Empire (2004), Officier de l'Ordre de la Légion d'Honneur (2005), Ehrendoktorwürde der Universität Liverpool (2007), Ehrendoktorwürde der Universität Toronto (2008), Bambi in der Kategorie Unsere Erde (2010), Hamburg-Botschafterin (2011).

Mit der Ernennung zur internationalen Botschafterin für die EG-Umwelthauptstadt Hamburg am 3. September 2011 wurde die berühmte Primatenforscherin, Umweltaktivistin und UN-Friedensbotschafterin für ihr langjähriges Engagement geehrt. Bei zwei Benefizabenden mit dem Titel „Stories & Music from her Life's Journey" in Hamburg und Kiel präsentierte Jane Goodall ihr neues Buch „Die Erde gehört uns nicht allein: Meine Hoffnung für die Tiere und ihre Welt". Für dieses Werk schrieb der deutsche Schauspieler Hannes Jaennecke das Vorwort.

Das 2012 erschienene Buch „Janes Traum vom Dschungel und den Tieren" des amerikanischen Comic-Zeichners Patrick McDonnell erzählt, wie die Leidenschaft der berühmten Schimpansen-Forscherin Jane Goodall für Natur und Tiere geweckt wurde. Auf der Titelseite ist Jane mit ihrem zerzausten Spielzeug-Schimpansen „Jubilee" im Urwald zusammen mit wilden Tieren zu sehen.

Jane Goodall im Alter von 76 Jahren beim
„18th Annual Hamptons International Film Festival"
im „Madstone Hotel"
in East Hampton (New York) am 8. Oktober 2010

Mit der T-Shirt-Aktion „Be a chimp, save a chimp"
machten 2012 der Starfotograf Manfred Baumann und
das „Jane-Goodall-Institut-Austria" auf die bedroh-
liche Lage für freilebende Schimpansen aufmerksam.
Wenn der Lebensraum für diese Menschenaffen
weiterhin eingeschränkt werde, gebe es in zwölf Jahren keine solchen Tiere mehr, lautete die Warnung.
Baumann steckte Prominente wie Conchita Wurst,
Patrick Lindner, „Miss Austria" Amina Dagi, Bettina
Assinger, James Cottriall und Felix Gottwald in ein
Schimpansen-T-Shirt und lichtete sie für den guten
Zweck ab. Die Baumann-Fotos sind ein Hingucker
und wurden von den Medien und der Öffentlichkeit
in Österreich stark beachtet.
Auch mit Ende der 70 ist Jane Goodall immer noch
schlank und zierlich. Ihr Gesichtsausdruck wirkt
einerseits aristokratisch, andererseits aber auch liebe-
voll. Wie in jungen Jahren Jahren trägt sie weiterhin
ihre Pferdeschwanz-Frisur. Weltweit himmeln viele
Frauen, Männer, Jugendliche und Kinder sie wie einen Guru an, der ökologische Weisheiten zu den Menschen trägt. Oft wurde sie gefragt, ob sie Schimpansen den Menschen vorziehe. Ihre Antwort lautete wei-
se: „Manche Schimpansen ziehe ich manchen Menschen vor, und manche Menschen manchen Schimpansen." Den Rummel um ihre Person nimmt sie auf
sich, als trage sie ein Kreuz, schrieb die Tageszeitung
„Die Welt". Da ihre Mutter und ihre Tanten ein hohes
Alter von mehr als 90 Jahren erreichten, meint Jane, es
spreche nichts dagegen, dies ebenfalls zu schaffen.

Autor Ernst Probst

Der Autor

Ernst Probst, geboren am 20. Januar 1946 in Neunburg vorm Wald im bayerischen Regierungsbezirk Oberpfalz, ist Journalist und Wissenschaftsautor. Er arbeitete von 1968 bis 1971 als Redakteur bei den „Nürnberger Nachrichten", von 1971 bis 1973 in der Zentralredaktion des „Ring Nordbayerischer Tageszeitungen" in Bayreuth und von 1973 bis 2001 bei der „Allgemeinen Zeitung", Mainz. In seiner Freizeit schrieb er Artikel für die „Frankfurter Allgemeine Zeitung", „Süddeutsche Zeitung", „Die Welt", „Frankfurter Rundschau", „Neue Zürcher Zeitung", „Tages-Anzeiger", Zürich, „Salzburger Nachrichten", „Die Zeit", „Rheinischer Merkur", „Deutsches Allgemeines Sonntagsblatt", „bild der wissenschaft", „kosmos", „Deutsche Presse-Agentur" (dpa), „Associated Press" (AP) und den „Deutschen Forschungsdienst" (df). Aus seiner Feder stammen die Bücher „Deutschland in der Urzeit" (1986), „Deutschland in der Steinzeit" (1991), „Rekorde der Urzeit" (1992), „Dinosaurier in Deutschland" (1993 zusammen mit Raymund Windolf) und „Deutschland in der Bronzezeit" (1996). Von 2001 bis 2006 betätigte sich Ernst Probst als Buchverleger sowie zeitweise als internationaler Fossilienhändler und Antiquitätenhändler. Insgesamt veröffentlichte er mehr als 200 Bücher, Taschenbücher, Broschüren und E-Books.

Literatur

BAUR, Dominik: Jane Goodall im Interview. Von den Schimpansen lernen, dass wir Tiere sind. Der Spiegel, Hamburg, 4. September 2001

DRÖSCHER, Vitus B.: WAS IST WAS, Band 89: Menschenaffen, Nürnberg 2004

FEMBIO http://www.fembio.org

GOODALL, Jane: Jane Goodall - Mein Leben für Tiere und Natur: 50 Jahre in Gombe, München 2010

GOODALL, Jane: Ein Herz für Schimpansen. Meine 30 Jahre am Gombe-Strom, Reinbek 1991

GOODALL, Jane / BERMAN, Philip / IFANG; Erika: Grund zur Hoffnung, München 2006

GOODALL, Jane / RIEN, Mark W.: Wilde Schimpansen. Verhaltensforschung am Gombe-Strom, Reinbek 1991

HAHNEMANN, Katrin / MAYER, Uwe: Jane Goodall. Wer ist das? Berlin 2011

KARNATH, Lorie / BISCHOFF, Ursula: Verwegene Frauen: Weiblicher Entdeckergeist und die Erforschung der Welt, Luzern 2009

LEAKEY, Louis Seymor Baezett / LAPORTE, Luise: Mau-Mau und die Kykuyus, München 1953

LEAKEY, Richard / LEWIN, Roger: Die Menschen vom See. Neueste Entdeckungen zur Vorgeschichte der Menschheit, München 1979

MELCHIOR, Gerda / SCHÜTZ, Volker: „Jane's Journey. Die Lebensreise der Jane Goodall, Feldafing 2010

NIELSEN, Maja: Abenteuer & Wissen. Jane Goodall und Dian Fossey: Unter wilden Menschenaffen, Hilodesheim 2008

PROBST, Ernst: Deutschland in der Steinzeit, München 1986

PROBST, Ernst: Superfrauen 5 – Wissenschaft", Mainz-Kostheim 2001

PROBST, Ernst: Rekorde der Urmenschen. Erfindungen, Kunst und Religion, München 2008

WIKIPEDIA (Online-Lexikon) http://wikipedia.org

Bildquellen

Bücher von Ernst Probst

Affenmenschen
Von Bigfoot bis zum Yeti

Annie Oakley
Die Meisterschützin des Wilden Westens

Archaeopteryx. Die Urvögel aus Bayern

Christl-Marie Schultes. Die erste Fliegerin in Bayern
(zusammen mit Theo Lederer)

Cortés und Malinche. Der spanische Eroberer
und seine indianische Geliebte

Das Dinotherium-Museum Eppelsheim
Führer durch die Ausstellung
(zusammen mit Dr. Jens Lorenz Franzen
und Heiner Roos)

Der Europäische Jaguar

Der Mosbacher Löwe
Die riesige Raubkatze aus Wiesbaden

Der Rhein-Elefant
Das Schreckenstier von Eppelsheim

Königinnen der Lüfte in Deutschland

Königinnen der Lüfte in Europa

Königinnen der Lüfte in Amerika

Königinnen der Lüfte von A bis Z

Königinnen des Films 1

Königinnen des Films 2

Königinnen des Films in Italien

Königinnen des Tanzes

Königinnen des Theaters

Malende Superfrauen

Meine Worte sind wie die Sterne
Die Entstehung der Rede des Häuptlings Seattle
(zusammen mit Sonja Probst)

Monstern auf der Spur
Wie die Sagen über Drachen, Riesen
und Einhörner entstanden

Pompadour und Dubarry. Die Mätressen
von Louis XV.

Raub-Dinosaurier von A bis Z.
Mit Zeichnungen von Dmitry Bogdanav
und Nobu Tamura

Rekorde der Urmenschen
Erfindungen, Kunst und Religion

Rekorde der Urzeit
Landschaften, Pflanzen und Tiere

Säbelzahnkatzen. Von *Machairodus*
bis zu *Smilodon*

Säbelzahntiger am Ur-Rhein. *Machairodus*
und *Paramachairodus*

Seeungeheuer
Von Nessie bis zum Zuiyo-maru-Monster

Superfrauen aus dem Wilden Westen

Superfrauen 1 – Geschichte

Superfrauen 2 – Religion

Superfrauen 3 – Politik

Superfrauen 4 – Wirtschaft und Verkehr

Superfrauen 5 – Wissenschaft

Superfrauen 6 – Medizin

Superfrauen 7 – Film und Theater

Superfrauen 8 – Literatur

Superfrauen 9 – Malerei und Fotografie

Superfrauen 10 – Musik und Tanz

Superfrauen 11 – Feminismus und Familie

Superfrauen 12 – Sport

Superfrauen 13 – Mode und Kosmetik

Superfrauen 14 – Medien und Astrologie

Sturzflüge für Deutschland. Kurzporträt der
Testpilotin Melitta Schenk Gräfin von Stauffenberg
(zusammen mit Heiko Peter Melle)

Tony und Bruno Werntgen. Zwei Leben für die
Luftfahrt (zusammen mit Paul Wirtz)

Zenobia von Palmyra. Eine Frau kämpft
gegen die Römer

Bestellungen bei: http://www.grin.com